Caparazones

MONTAÑA
ENCANTADA

Adivina
quién
es ?

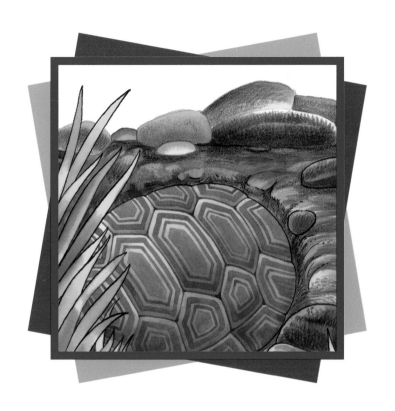

Silvia Dubovoy

Ilustrado por David Méndez

Caparazones

EVEREST

A mis nietos Isaac, Jonathan, Eithan, Edy, Alexandra,
Daniel, Arturo y Álex, con quienes miro y remiro
la vida desde los ojos de la infancia.

Doy las gracias a Paco Pacheco, entrañable amigo,
que me ha enseñado el arte de pulir palabras, de impregnar
emociones en papel y de compartir mundos extraordinarios
a través de las letras.

A Pedro Moreno, por el tiempo disfrutado y compartido
entre orejas, picos, patas, ojos, dientes y alas...
Gracias por tu generosidad y tus conocimientos.

TABLITA SOBRE TABLITA
ARMA SU CAPARAZÓN;
TIENE LAS PATAS CHIQUITAS
Y CABEZA DE RATÓN.

ARMADILLO

CUANDO SE SIENTE EN PELIGRO, RÁPIDAMENTE SE HACE BOLITA Y SE METE EN SU CAPARAZÓN.

SI SE TRATA DE COMER HORMIGAS, ES CAPAZ DE AGUANTAR LA RESPIRACIÓN HASTA SEIS MINUTOS. EXCAVA CON GRAN RAPIDEZ, METE EL HOCICO EN LA TIERRA Y NO SE MOLESTA EN RESPIRAR MIENTRAS COME.

HACE MUCHO TIEMPO, EN AMÉRICA, CUANDO ESTE ANIMAL MORÍA, CON SU CAPARAZÓN FABRICABAN UN INSTRUMENTO DE CUERDA LLAMADO "CHARANGO". ERA COMO SI VOLVIERA A VIVIR Y SE CONVIRTIERA EN MÚSICA.

ADIVINA QUIÉN SOY:

CUANDO VOY, VENGO,

Y CUANDO VENGO, VOY.

CANGREJO

SU CAPARAZÓN FUERTE Y BRILLANTE LO PROTEGE, PERO NO LE SIRVE DE CASA COMO AL CARACOL O A LA TORTUGA, PUES ÉL VIVE OCULTO EN LAS ROCAS O EN AGUJEROS BAJO LA ARENA.

NADIE SABE POR QUÉ, PERO CAMINA DE LADO. CORRE MUY RÁPIDO ENTRE LAS ROCAS Y LA ARENA DE LA PLAYA Y TIENES QUE ESTAR MUY ATENTO SI QUIERES VERLO.

PUEDE SER DIESTRO O SINIESTRO, SEGÚN TENGA LA PINZA MÁS DESARROLLADA DEL LADO DERECHO O DEL IZQUIERDO.

CON SU ERMITA ANDA
PARA ARRIBA Y PARA ABAJO
AÑO TRAS AÑO.

CANGREJO ERMITAÑO

NACE DESNUDO Y DE INMEDIATO BUSCA UN CAPARAZÓN DONDE PODER RESGUARDARSE DE SUS ENEMIGOS.

COMO NO ES EL SUYO PROPIO, LE QUEDA CHICO O GRANDE; ES MUY LIGERO, MUY PESADO O YA TIENE OTRO OCUPANTE. EL CASO ES QUE SE PASA LA VIDA BUSCANDO UN NUEVO Y CÓMODO CAPARAZÓN.

PARA PROTEGERLO, CUANDO ENCUENTRA UNO CÓMODO, USA UNA DE SUS PINZAS COMO PUERTA PARA CERRAR LA ENTRADA.

UTILIZA LA PUNTA DE SU DELGADA COLA Y DOS PARES DE DIMINUTAS PATAS TRASERAS PARA MOVERSE.

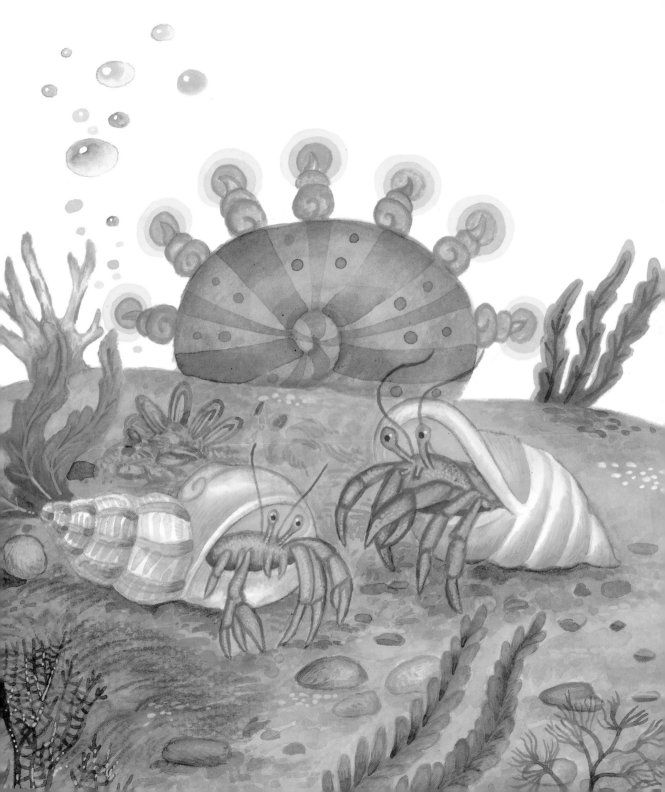

LLEVO MI CASITA AL HOMBRO,
CAMINO CON UNA PATA
Y VOY MARCANDO MI HUELLA
CON UN HILITO DE PLATA.

CARACOL DE TIERRA

VIVE OCULTO ENTRE LAS HOJAS DEL JARDÍN. CON SU LENGUA RASPOSA RALLA LAS HOJAS QUE SE COME.

DURANTE LA ÉPOCA DE SEQUÍA, CUANDO NO LLUEVE, SE PEGA A LAS PIEDRAS, A LAS RAMAS DE LOS ÁRBOLES O A LAS TAPIAS DE LAS CASAS, Y AHÍ SE QUEDA HASTA QUE LLEGAN LAS LLUVIAS.

NO LE IMPORTA EL TIEMPO QUE HAGA: ÉL LLEVA SU CASITA QUE LO PROTEGE A TODAS PARTES.

NO CAMINA NI SALTA: SE ARRASTRA LENTAMENTE CON SU CAPARAZÓN A CUESTAS.

MI CASA ES EL OCÉANO
Y ENTRE ROCAS ME VERÁS,
PINCHO A LOS VERANEANTES
QUE NO ME SUELEN MIRAR.

ERIZO DE MAR

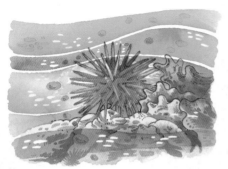

PUEDE PARECER MOLESTO LLEVAR PÚAS TODO EL TIEMPO, PERO ÉSTAS EVITAN QUE SU DUEÑO SE CONVIERTA EN CENA DE OTRO.

SI UNA SOMBRA LE CAE ENCIMA, DIRIGE LAS LARGAS PÚAS HACIA ELLA, PARA DEFENDERSE DEL POSIBLE ATACANTE.

LAS ESPINAS SE LE ROMPEN CON FACILIDAD Y QUEDAN ENTERRADAS EN EL CUERPO DEL ENEMIGO, CAUSÁNDOLE GRAN DOLOR.

TIENE 7.000 PÚAS, LAS CUALES NUNCA SE LE ENSUCIAN NI SE LE ENREDAN.

SI OBSERVAS LAS ROCAS BAJO EL MAR, VERÁS QUE ESTÁN LLENAS DE ESTOS ANIMALES DE ENORMES ESPINAS. ¡CUIDADO, PICAN MUY FUERTE!

ZUMBA Y VUELVE A ZUMBAR:
LLEVA UNA ARMADURA
NEGRA, COMO LA TINTA,
PERO NO ESCRIBE NI PINTA.

ESCARABAJO

VIVE EN EL DESIERTO. SALE DE NOCHE EN BUSCA DE COMIDA.

SE DESPIERTA CON MUCHA SED. PERO, ¿DÓNDE ENCONTRAR AGUA EN UN LUGAR TAN SECO?

TODAS LAS MAÑANAS DIVIDE SU CAPARAZÓN EN DOS PARTES, LO LEVANTA COMO DOS PUERTAS AL AIRE. COMO EL CAPARAZÓN ESTÁ CALIENTE Y EL AIRE FRÍO, SE LE FORMAN GOTITAS DE AGUA, LAS CUALES RESBALAN A SU SEDIENTA BOCA. ESO LE HA DE ALCANZAR PARA TODO EL DÍA.

EN LA PUNTA DE LA COLA
LLEVA SIEMPRE SU AGUIJÓN,
CUANDO SE PELEA CON OTRO
PARECE UN BUEN BAILADOR.

ESCORPIÓN

SALIÓ DEL MAR HACE 550 MILLONES DE AÑOS.

FUE DE LOS PRIMEROS ANIMALES EN POBLAR LA TIERRA.

AUNQUE LLUEVA Y LLUEVA, NUNCA SE MOJA. SU CAPARAZÓN ES IMPERMEABLE Y LE MANTIENE SECO.

CUANDO NACEN SUS CRÍAS, LA MAMÁ LAS CARGA EN EL LOMO, Y AUNQUE PAREZCA CRUEL, LOS HIJOS SE LA COMEN POCO A POCO.

TOMADOS DE LAS PINZAS FORCEJEAN DURANTE HORAS HASTA QUE UNO DE ELLOS CLAVA EL AGUIJÓN.

DURA POR FUERA,
BLANDA POR DENTRO;
¡QUÉ SUERTE!:
ESTRENA CAPARAZÓN
SIEMPRE QUE CRECE.

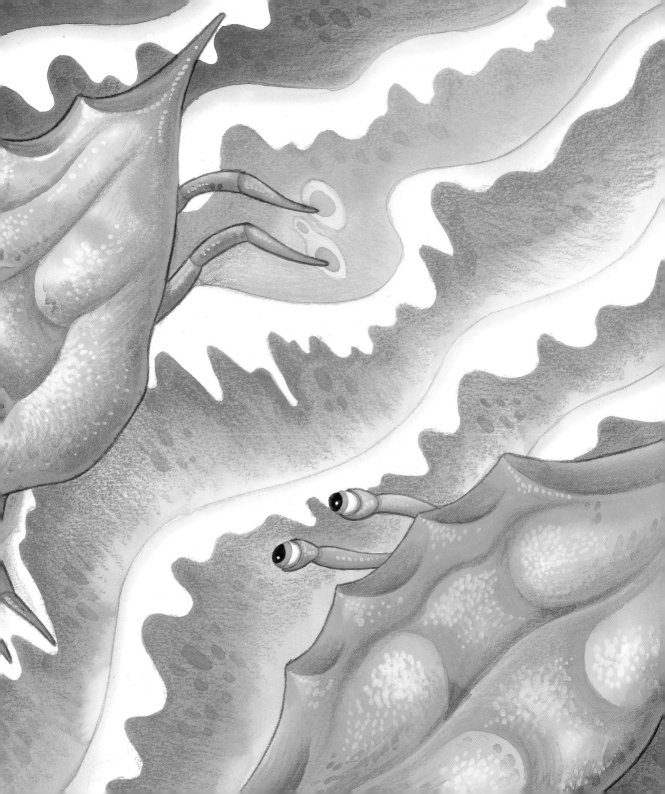

JAIBA

NACE MUY PEQUEÑITA, PERO IDÉNTICA A LOS ADULTOS.

SU CAPARAZÓN ES UNA ARMADURA EN MINIATURA.

MIENTRAS ES PEQUEÑA ESTRENA CAPARAZÓN CADA SEMANA. Y ES QUE EL CUERPO LE CRECE PERO EL CAPARAZÓN NO, ASÍ QUE SE DESHACE DE ÉL COMO SI CAMBIARA DE CAMISA.

PARA QUE NO SE LA COMAN MIENTRAS ESTÁ DESNUDA, SE ESCONDEN HASTA QUE LE CRECE UNO NUEVO. ESO TARDA 24 HORAS.

CAMBIA DE CAPARAZÓN 70 VECES EN SU VIDA.

DURA POR DEBAJO,

POR ARRIBA DURA;

LENTAMENTE CAMINA

COMO LA VIEJA LUNA.

TORTUGA TERRESTRE

¡UN, DOS, UN, DOS! AQUÍ VIENE, CON SU PASO LEEENTO... ¿VES? TAMBIÉN ELLA TIENE UN FUERTE CAPARAZÓN QUE LA PROTEGE Y LE SIRVE DE CASA, PERO ES TAN PESADO QUE LE IMPIDE SALTAR O CORRER.

CUANDO SE SIENTE EN PELIGRO, METE LA CABEZA Y LAS PATAS DENTRO, Y POR MÁS QUE LA LLAMES, NO SALDRÁ.

NO TIENE DIENTES, PERO TIENE UN PODEROSO PICO CON BORDES AFILADOS COMO CUCHILLOS, CAPACES DE CORTAR TALLOS Y DESGARRAR CARNE. COME GUSANOS, HOJAS Y... ¡HASTA CARACOLES!

¿SABES CUÁNTO PUEDE VIVIR? 150 AÑOS. ¡150 CUMPLEAÑOS!

ÍNDICE

ADIVINA QUIÉN ES... **ALAS**

ADIVINA QUIÉN ES... **CAPARAZONES**

ADIVINA QUIÉN ES... **COLAS**

ADIVINA QUIÉN ES... **CUERNOS**

ADIVINA QUIÉN ES... **DIENTES**

ADIVINA QUIÉN ES... **OJOS**

ADIVINA QUIÉN ES... **OREJAS**

ADIVINA QUIÉN ES... **PATAS**

ADIVINA QUIÉN ES... **PICOS**

ADIVINA QUIÉN ES... **PIELES**

Dirección editorial: Raquel López Varela
Coordinación editorial: Ana María García Alonso
Maquetación: Cristina A. Rejas Manzanera
Diseño de cubierta: Jesús Cruz

TERCERA EDICIÓN

© del texto, Silvia Dubovoy
© de las ilustraciones, David Méndez
© EDITORIAL EVEREST, S. A.
Carretera León-La Coruña, km 5 - LEÓN
ISBN: 84-241-8087-9
Depósito legal: LE. 447-2005
Printed in Spain - Impreso en España
EDITORIAL EVERGRÁFICAS, S. L.
Carretera León-La Coruña, km 5
LEÓN (España)
Atención al cliente: 902 123 400
www.everest.es